前　　言

蔬菜生产中病虫害种类繁多，发生频繁，情况复杂。有害生物及有害物质对蔬菜的危害和污染已成为影响蔬菜产量和质量的重要因素，也严重威胁着居民的健康。如何科学的防治蔬菜病虫害是关系人们健康的大事，也是实现可持续蔬菜生产的重要保证。为了帮助广大菜农直观正确的识别苦瓜和瓠瓜主要的病虫害，并有针对性的采取防治措施，提高防治效果，增加经济效益，我们将多年收集积累的图片资料，并结合自已的研究和实践编写成书，介绍苦瓜和瓠瓜病害和虫害种类及防治方法，为菜农诊断和防治提供参考。

温庆放为本书的编写提出宝贵的指导意见，在编写过程中李大忠、康建坂、李永平、林珲协助完成了本书的部分工作，在此表示感谢。

书中不足之处，敬请读者批评指正。

薛珠政　2007年10月

目　录

苦瓜主要病害

瓠瓜主要病害

主 要 害 虫

一、侵染性病害

1. 白粉病 *Erysiphe cucurbitacearum*，*Sphaerotheca cucurbitae*

主要危害叶片，发病初期叶面产生白色近圆形星状小粉斑，后向四周扩展成边缘不明显的连片白粉，严重时整片叶布满白粉，致使叶片变黄、最后干枯，使植株生长及结瓜受阻，生育期缩短，产量下降。

叶面症状

叶面白粉

后期症状

早期症状

2. 霜霉病 *Pseudoperonospora cubensis*

主要危害叶片。初期叶面显现浅黄色小斑，后逐渐扩大，病斑受叶脉限制呈多角形或不规则形，颜色由黄色变为黄褐色至褐色，严重时病斑融合成斑块。湿度大时，在叶背面长出白色霉状物，天气干燥时少见霉层。

中后期叶面症状

早期叶背霉层

后期植株

中期叶背症状

早期叶面症状

3.病毒病

主要由黄瓜花叶病毒（CMV）和西瓜花叶病毒（WMV）单独或复合侵染引起。早期感病植株叶片变小、皱缩、节间缩短、全株明显矮化。中期或后期感病，中上部叶片皱缩，叶色浓淡不均，幼蔓梢畸形，瓜变小或畸形。

病毒病早期症状

花叶及卷叶

病毒病苗期症状

叶皱缩及卷曲

叶皱缩及花叶

4. 炭疽病 *Colletotrichum orbiculare*

叶片染病，病斑呈不规则形或圆形，中央灰白色，后变为黄褐色至棕褐色。茎蔓染病，呈近椭圆形、边缘褐色、凹陷的病斑。果实染病，初呈黄褐色至黑褐色水渍状，后扩大为凹陷斑，后期病瓜组织变黑，但不变糟且不易破裂。

叶背症状

叶面症状

炭疽病子叶

病果后期干腐状

病果初期症状

5. 枯萎病 *Fusarium oxysporum*

初期植株下部叶片开始表现褪绿黄化，中午萎蔫下垂，逐渐发展至上部叶片，全株出现萎蔫，最后整株枯死。病株茎基部无光泽，有时基部出现纵裂，纵剖病茎可见维管束变褐。湿度大时，病部软化缢缩至腐烂。现阶段防治枯萎病行之有效的方法就是通过嫁接方式育苗。

用嫁接夹固定

植株茎基部开裂

病 株

病茎维管束变褐

病株茎基部症状

嫁接育苗

嫁接育苗

嫁接植株头部

嫁接植株头部

6. 疫　病 *Phytophthora melonis*

叶片染病，多沿叶缘形成灰绿色斑，导致叶片腐烂或干枯。茎部染病，出现水渍状暗绿色或灰绿色病斑，病部腐烂下陷或隘缩，病部以上萎蔫死亡。瓜条染病，呈灰绿色至灰褐色水渍状斑。湿度大时，病斑上生白色霉层。

病叶干枯

病果

水浸状病茎

早期果实染病

疫病叶片

7. 蔓枯病 *Didymella bryoniae*

叶片染病，出现褐色圆形病斑，中间灰褐色，有轮纹。茎蔓染病呈灰褐色，引起茎蔓纵裂；湿度大时有流胶。瓜条染病，初为水渍状小圆点，后变为黄褐色凹陷斑，病瓜组织易变糟破碎，病部生黑色小粒点。

蔓枯植株萎蔫

病茎开裂

病茎开裂

病果

8. 灰霉病 *Botrytis cinerea*

主要危害幼瓜、叶。病菌多从开败的雌花侵入，导致花瓣腐烂，以后逐渐向瓜条发展，使瓜条呈水渍状坏死，并长出灰褐色霉层。病菌亦可从积水的叶面浸染，形成黄褐色、近圆形坏死斑，上生灰褐色霉层。

病叶

病果

病叶

早期侵染花

9. 绵腐病 *Pythium aphanidermatum*

结瓜期染病，主要危害果实。贴地面的果实先发病，病部初呈褐色水渍状，后迅速变软，整个瓜变褐软腐。湿度大时，病部长出白色绵状物，即病原菌菌丝体。

病 果

病 果

10. 立枯病 *Rhizoctonia solani*

主要危害幼苗茎基部或地下根部。初在茎部出现椭圆形或不规则形暗褐色病斑，逐渐向内凹陷，边缘较明显，扩展后绕茎一周，致使茎部萎缩、干枯，后瓜苗死亡，但不折倒。根部染病多在近地表根茎处，皮层变褐或腐烂。

病 株

11. 根腐病 *Fusarium solani*

主要侵染根及茎部，初呈水渍状，后腐烂。茎缢缩不明显，病部维管束变褐但不向上发展，后期病部往往变糟，留下丝状维管束。病株地上部初期症状不明显，后叶片中午萎蔫，早晚尚能恢复。严重时，多数不能恢复而枯死。

根腐病

12. 叶斑病（斑点病） *Phyllosticta orbicularis*

主要危害中下部叶片，初为近圆形褐色小斑，水渍状，随后周围组织褪绿，后发展为椭圆形至不定形大斑，颜色亦转为灰褐色至灰白色，病斑常易破裂或穿孔，严重时病斑汇合，导致叶片干枯。潮湿时，病斑表面生小黑点。

早期症状

中后期叶面症状

中后期叶背症状

13. 细菌性角斑病 *Pseudomonas syringae*

叶片染病，呈多角形至不规则形，黄褐色水渍状，中央黄白色，易破裂。茎部染病，出现水渍状黄褐色条斑，后期易纵裂，湿度大时分泌乳白色菌液。果实染病，初现水渍状小圆点，后小病斑融合成大斑，果实呈水渍状软腐。

叶背症状

叶面症状

叶面症状

14. 灰斑病 *Cercospora citrullina*

主要危害叶片，初期叶上出现褪绿的小斑点，近圆形或不规则形，病斑扩大后，中间形成褐色的坏死斑，病斑边缘不明显。

叶背症状

叶面症状

15.白斑病 *Cercospora momordicae*

主要危害叶片，初在叶片上生灰褐色至褐色病斑，以后发展成多角形或不规则形病斑，中央灰白色，边缘明显或不明显，最后病斑呈暗褐色，上生浅黑色霉状物。

叶面症状

叶背症状

16. 软腐病 *Erwinia carotovora* subsp.*carotovora*

主要危害果实。幼瓜和成熟瓜都可发生，病菌多侵染植株下部瓜，或带有虫伤或生理伤口的瓜条。病瓜呈暗灰色水渍状软腐，发展迅速，短期内使整个瓜条腐烂，散发臭味。空气潮湿，病组织常溢出暗灰色菌浓。

病 果

17. 黑霉病 *Alternaria alternata*

叶片染病，在叶缘或叶脉间产生近圆形或不规则形水渍状暗褐色病斑，湿度大时，病斑扩展迅速，导致叶片早枯。果实染病，初生水渍状、略凹陷的褐色斑，边缘色深，中央灰褐色，后期病斑上生出黑霉。

病果

二、生理性病害

1.低温障碍

遇低温或寒流侵袭易发病。轻微的叶片组织呈黄白色但未坏死。低温持续时间较长，往往不发根或花芽不分化，有的可导致弱寄生物侵染，较重的引起外叶枯死或部分真叶枯死，严重时植株呈水渍状，后干枯死亡。

心叶坏死

叶色褪绿

植株萎缩

2. 裂 瓜

瓜条在开花两周后，由于未及时采收，或者在夏季遇暴风雨袭击所致，常出现瓜条开裂，种子暴露或脱落现象。染病果实遇上述情况，更易开裂。

裂 瓜

3. 瓜苗戴帽

种皮夹住子叶而不脱落，俗称“戴帽”。影响子叶光合作用，造成幼苗生长不良或形成弱苗。病因是覆盖土太干燥；过早揭掉覆盖物或晴天中午揭膜，致使种皮在脱落前已变干；播种太浅，覆土太薄；种子生活力弱所致。

瓜苗戴帽出土

4. 沤　根

又称烂根。根部不发新根，根表面呈锈色甚至变褐腐烂，地上部叶片变为黄绿色，叶缘枯焦，植株萎蔫，严重时成片干枯。

早春苗床管理不当，低温高湿以及夏季遇连续暴雨，田间长时间积水，高温高湿都可引起沤根。

沤 根

沤根（植株坏死）

5. 瓜苗徒长（高脚苗）

育苗时遇高温或光照不足，造成幼苗徒长。表现为子叶小，下垂，苗茎伸长，细弱。出苗后温度过高，苗床过湿；播种过密，间苗不及时；出苗后光照不足，影响光合作用，瓜苗瘦弱等情况都易引起徒长。

瓜苗徒长

6.叶枯病

初期仅在叶脉间形成褐色小斑点，随后病斑逐渐扩大，叶缘上卷，最后叶片枯死。进入高温季节或反季节栽培时，高温闷棚易发病。有时棚室高温、高湿时突然放风，叶片失水过快，也会造成叶缘干枯或卷曲。

病叶

病叶

一、侵染性病害

1. 白粉病 *Sphaerotheca cucurbitae*，*Erysiphe cucurbitacearum*

主要危害叶片，叶柄。初生稀疏白粉状霉斑，近圆形或不规则形，条件适宜时，白粉斑迅速扩展连片甚至覆盖整个叶面，形成浓密的白粉状霉层，致使叶片老化，功能下降，叶片干枯而死。

后期病叶

前期病叶

中期病叶

2. 花叶病毒病

主要由黄瓜花叶病毒（CMV）感染引起。初期叶片上出现浓淡不匀的花斑，扩展后呈深绿与浅绿相间的花叶。病叶小、皱缩或畸形，枝蔓生长停滞，植株矮小。轻病株尚可结瓜，重病株结畸形瓜或不结瓜。

顶叶褪绿不长

花 叶

植株矮化

花 叶

3. 绿斑花叶病

由黄瓜绿斑花叶病毒（CGMMV）侵染所致。叶片染病，初现亮绿色或暗绿色斑驳，随后产生暗绿色斑驳的病部隆起，叶片变小，引起植株矮化，呈系统性传染。瓜条染病，初现浓绿色花斑，有时出现瘤状物。

病 叶

4. 炭疽病 *Colletotrichum orbiculare*

叶片初现淡黄色近圆形病斑，后期病斑中央易开裂。叶柄及茎染病，出现淡褐色至白色梭形或条状病斑。果实染病初为淡绿色水渍状小点，后扩大为中间凹陷、近圆形的深褐色至黑褐色病斑，有时表面溢出橙色黏稠状物。

患病子叶

病 瓜

病叶叶脉

患病叶柄

病叶面

5.疫　病 *Phytophthora capsici*

病叶上产生近圆形水渍状大病斑，湿度大时，出现白色霉层，干燥时呈青白色或淡褐色薄纸状，易破裂。病茎有暗绿色水渍状斑，后变软缢缩。病果有水渍状暗绿色斑，缢缩凹陷，潮湿时长出白色薄霉层，易腐烂，有腥臭味。

病果

水渍状病斑

病叶（干燥时成薄纸状）

6. 灰霉病 *Botrytis cinerea*

病菌多从开败的花侵入，致使花瓣腐烂，而后向幼果发展，幼果受害呈水渍状并软化，病部生灰色霉层。脱落的烂花落于叶面或茎上也能引起发病，病斑呈近圆形或不规则形，内部具明显或不明显轮纹，潮湿时表面生有灰霉。

病果

叶背症状

叶面症状

病果

7. 猝倒病 *Pythium aphamidermatum*

在幼苗茎基部，病斑初呈水渍状，后缢缩、干枯缩为线状，导致幼苗猝倒 湿度大时，病株附近长出絮状菌丝，严重时幼苗成片倒伏。往往子叶尚未凋萎，幼苗已经猝倒。

幼苗感病

8. 立枯病 *Rhizoctonia solani*

主要危害幼苗茎基部或地下根部，初时在茎部出现椭圆形或不规则形暗褐色病斑，逐渐向里凹陷，边缘较明显，扩展后绕茎一周，导致茎部萎缩干枯，使瓜苗死亡，但不折倒。根部染病多在近地表根茎处，皮层变褐色或腐烂。

病 苗

茎基部症状

9. 根腐病 *Fusarium solani*

病部呈水渍状，后腐烂。茎缢缩不明显，病部维管束变褐色，但不向上发展。后期病部往往变糟，留下丝状维管束。地上部初期症状不明显，叶片中午萎蔫，早晚尚能恢复，严重的不能恢复而枯死。

根茎部症状

茎基部症状

植株萎蔫

10. 绵腐病 *Pythium aphamidermatum*

近地面处的瓜先发病，病部初呈褐色水渍状，后迅速变软，严重时整个瓜变褐软腐。湿度大时，病部长出白色绵毛。

患病瓠瓜

11. 菌核病 *Sclerotinia sclerotiorum*

果实染病，先呈水渍状腐烂，并长出白色菌丝，后菌丝纠结成黑色菌核。茎蔓染病初期产生褪绿水渍斑，后扩大呈褐色，高湿条件下长出白色绵毛状菌丝，菌丝密集形成鼠粪状菌核。菌核多长在烂叶、叶柄、花柄及瓜条上。

花柄上的菌核

12. 褐斑病 *Cercospora citrullina*

主要危害叶片，在叶片上形成较大的黄褐色至棕褐色不规则形病斑，后褪绿变薄或出现浅黄色至黄色晕环，严重的病斑连成片，最后破裂或大片干枯。

后期病斑

早期病斑

病叶

13. 褐腐病 *Choanephora cucurbitarum*

俗称“烂蛋”。病菌先侵染萎蔫的花，使花变褐软腐，后逐渐蔓延到幼果，造成果实从顶部向下腐烂，并出现霉菌。霉菌长出的菌丝和孢子，像小的黑色大头针着生在果实上，致使幼果迅速腐烂，即果腐。

瓠瓜晚期病果

14. 枯萎病 *Fusarium oxysporum*

幼苗发病，子叶萎蔫或全株枯萎，茎基部变褐缢缩，多呈猝倒状。成株期发病，初期叶片由下向上逐渐萎蔫，似缺水状。病株根部变褐腐烂，茎蔓基部缢缩，有的茎基部纵裂，病茎纵切面上维管束变褐。

染病幼苗

植株萎蔫

二、生理性病害

1. 瓜苗戴帽

瓜苗出土时，种皮夹住子叶而不脱落，俗称"戴帽"。致使子叶不易张开，影响光合作用。病因是覆盖土太干燥；过早揭掉覆盖物或在晴天中午揭膜时，会造成种皮在脱落前已变干；播种太浅，覆土太薄；种子生活力弱等。

瓜苗戴帽出土

2.瓜苗徒长（高脚苗）

育苗时遇高温或光照不足，造成幼苗徒长。表现为子叶小，下垂，苗茎伸长，细弱。病因一是出苗后温度过高，苗床过湿；二是播种过密，间苗不及时；三是出苗后光照不足，影响光合作用，瓜苗瘦弱等。

徒长苗

3. 低温障碍

遇到低温或寒流侵袭，轻微受害的叶片组织虽未坏死但呈黄白色；低温持续时间较长，往往不发根或花芽不分化，有的可导致弱寄生物侵染，较重的引致外叶枯死或部分真叶枯死，严重的植株呈水渍状，干枯死亡。

瓜苗冻害

瓜苗冻害

4. 沤　根

又称烂根。根部不发新根，根表面发锈甚至变褐腐烂，地上叶片变为黄绿色，叶缘枯焦，植株萎蔫。严重时成片干枯。早春苗床管理不当、低温高湿以及夏季遇连续暴雨、田间长时间积水、高温高湿都可引起沤根。

田间症状

萎蔫

不发新根

5. 药　害

喷杀虫剂、杀菌剂等农药所致，由于使用药液浓度过高，或者施药时气温过高，或除草剂漂移，常导致药害发生。

叶片症状

药害田间状

苦瓜瓠瓜侵染性病害的防治

生长期	易发病害	防治措施	防治方法
育苗期	猝倒病、立枯病	灌根、土壤消毒	10千克土加苗菌净10克拌匀；40%五氯硝基苯500倍液、15%恶霉灵水剂450倍液灌根，或20%甲基立枯磷乳油1200倍液喷雾
	灰霉病	喷　药	50%速克灵2000倍液，或50%甲基托布津600倍液，或达科宁600倍液喷雾
	炭疽病	喷　药	25%炭特灵500倍液，或80%炭疽·福美800倍液，或25%阿西米达1500倍液喷雾
定植至伸蔓期	病毒病	喷　药	20%病毒克丹1000倍液，或5%菌毒清300倍液，或高锰酸钾1000倍液喷雾。同时防治虫媒
	疫　病	喷　药	72.2%普力克水剂800倍液，或70%霜霉疫净800倍液，或72%克露700倍液喷雾
	蔓枯病、叶斑病	喷药、熏烟	70%代森锰锌600倍液，或60%腈菌·锰锌800倍液，或40%福星4000倍液喷雾。棚室可用45%百菌清熏烟

生长期	易发病害	防治措施	防治方法
开花结果期	霜霉病	喷药、熏烟	58%瑞毒锰锌500倍液，或64%杀毒矾500倍液，或69%安克锰锌1000倍液喷雾。棚室可用45%百菌清熏烟
	白粉病	喷　药	15%三唑酮1500倍液，或晴菌唑3000倍液，或2%农抗120或2%武夷菌素200倍液喷雾
	根腐病	喷药、灌根	50%根腐灵800倍液灌根50%杀菌王1000倍液，或45%苗菌净800倍液喷雾或灌根
	炭疽病	喷　药	80%炭疽·福美800倍液，或25%施宝克600倍液，或25%溴菌晴2000～2500倍液喷雾
	灰霉病	喷药、熏烟	50%速克灵2000倍液，或50%甲基托布津600倍液，或达科宁600倍液喷雾。棚室可用45%百菌清熏烟

生长期	易发病害	防治措施	防治方法
开花结果期	疫　病	喷　药	69%安克锰锌1000倍液，或特克多1000倍液，或72.2%普力克水剂800倍液喷雾
	病毒病	喷　药	20%病毒A500倍液，或20%病毒克星400倍液，或5%菌毒清水剂300倍液喷雾
	蔓枯病、褐斑病	喷　药	40%多·硫800倍液，或50%混杀硫500倍液，或47%加瑞农600倍液，或60%腈菌·锰锌1000～1500倍液
	菌核病	喷　药	50%速克灵1500倍液，或50%扑海因1000倍液，或50%农利灵1000倍液喷雾
	细菌性角斑病	喷　药	77%可杀得400倍液，或50%甲霜铜600倍液，或72%农用硫酸链霉素3000倍液喷雾
	枯萎病	嫁接育苗、灌根	40%五氯硝基苯500倍液，或15%西瓜重茬剂300倍液，或20%的甲基立枯磷900倍液灌根。用黑子南瓜作砧木嫁接

生长期	易发病害	防治措施	防治方法
结果后期	绵腐病	喷　药	47% 加瑞农 800 倍液，或 69% 安克锰锌 1000 倍液，或 72.2% 普力克水剂 600 倍液，或 64% 杀毒矾 500 倍液喷雾
	软腐病	喷　药	72% 农用硫酸链霉素 3000 倍液，或 12% 松脂酸铜乳油 600 倍液，或 20% 噻菌铜（龙克菌）500 倍液喷雾
	黑霉病	喷　药	75% 百菌清 600 倍液，或 50% 扑海因 1000 倍液，或 80% 大生可湿性粉剂 500 倍液喷雾

苦瓜瓠瓜生理性病害的防治

生长期	栽培季节	防治措施
育苗期	春　季	保温育苗、补充光照，正确播种、控制水肥，低温炼苗
	秋　季	遮荫防雨、控制水肥、及时定植，防徒长
定植至伸蔓期	春　季	施足有机肥做基肥；合理安排茬口，覆盖地膜，露地定植防春寒。低温后用爱多收或格瑞施等液体肥料灌根，或用0.3%磷酸二氢钾液根外追肥
	秋　季	棚室栽培注意放风；露地防台风暴雨，排水防涝
结果期	春　季	棚室栽培注意放风，预防高温伤害及造成雌花减少；露地防台风暴雨，排水防涝。及时采收果实
	秋　季	天气渐凉，预防寒害，棚室要清洁棚膜，用爱多收、格瑞施等液体肥料灌根。露地寒流来前灌水保温。及时采收果实
结果后期	春　季	用0.2%～0.5%尿素溶液，或0.3%磷酸二氢钾液根外追肥，防早衰

主要虫害

1. 瓜实蝇 *Dacus cucurbitae*

成虫刺入幼瓜表皮产卵，幼虫孵化后即钻入瓜内取食。受害瓜先是局部变黄，而后由内而外开始腐烂，散发恶臭味；刺伤处凝结流胶，畸形下陷，瓜味苦涩，品质下降。幼瓜受害后，不能生长，常引起大量落瓜。

防虫网防治

群集为害

黄板诱杀

瓜实蝇成虫

早期受害（变黄）

为害后期

受害果内部及幼虫

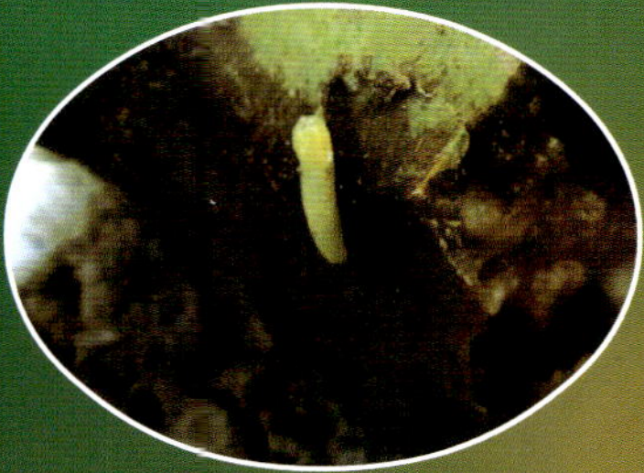

幼虫为害状

为害果实

2. 美洲斑潜蝇 *Liriomyza sativae*

成、幼虫均可为害，成虫刺伤植物叶片，进行取食和产卵，幼虫潜入叶片和叶柄内为害，产生白色虫道，随幼虫的成长，隧道变宽加大，严重影响叶片的光合作用，受害严重时全叶枯萎，叶片脱落。

子叶受害状

叶受害状（示虫道）

叶受害状

蛹

幼虫

3. 温室白粉虱 *Trialeurodes vaporariorum*

成虫体长1～1.5毫米，淡黄色。成虫或若虫群集于叶背和果上吸食植物汁液，被害叶片褪绿、变黄、萎蔫，甚至全株枯死。可分泌大量蜜露，引发煤污病，叶上长出一层黑褐霉，严重污染叶片和果实。

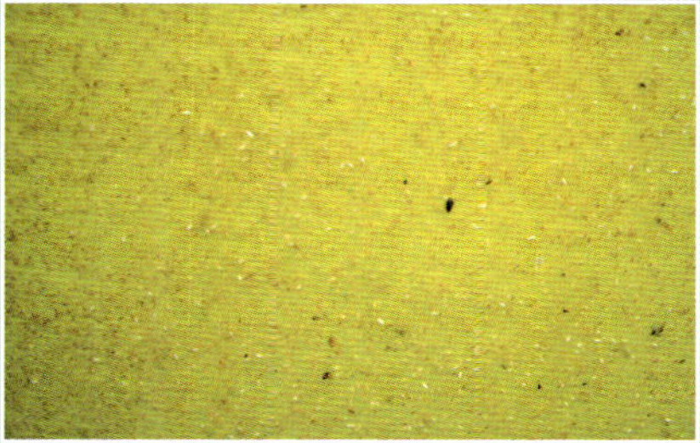

黄板诱杀

卵

叶受害状

苗受害状

4. 蚜　虫 *Aphis gossypii*

成蚜和若蚜群集在叶背和嫩茎上吸取汁液，分泌蜜露。嫩茎和生长点被害后，叶片卷缩，瓜苗萎蔫，甚至枯死。老叶受害后，提前脱落，造成减产。同时吸食叶汁时传染病毒，其危害损失常高于瓜蚜直接造成的危害。

群集为害状

叶片受害（黑色蚜）

受害叶片（绿色蚜）

蚜虫为害叶

蚜虫为害状

受害卷叶

5. 黄足黄守瓜 *Aulacophora femoralis chinensis*

成虫体长约8～9毫米，头、前胸、鞘翅橙黄色。成虫主要取食瓜的叶和茎，将叶片咬食成锯齿状环形或半环形，还可为害花和幼瓜。幼虫在土中可咬食瓜根，造成瓜苗死亡，或蛀入接近地表的瓜内为害。

叶片受害状

黄足黄守瓜成虫

6.黄足黑守瓜 *Aulacophora lewisii*

成虫体长5.5～7毫米，全身仅鞘翅、复眼、上颚顶端为黑色，其余部分全部橙黄色至橙红色。成虫主要取食瓜苗的叶和茎，还可为害花和幼瓜。幼虫在土中可咬食瓜根，造成瓜苗死亡。

黄足黑守瓜及为害状

7.黑足黑守瓜 *Aulacophora nigripennis*

成虫体长5.5～7毫米，全身极度光亮。成虫主要取食瓜苗的叶和茎，常引起死苗，也可为害花和幼瓜。幼虫在土中可咬食瓜根，造成瓜苗死亡，或蛀入接近地表的瓜内为害。

黑足黑守瓜成虫

花受害状

8. 瓜绢螟 *Diaphania indica*

老熟幼虫体长23～26毫米，亚背线呈两条较宽的乳白纵带。幼龄幼虫在叶背取食叶肉，呈灰白色斑，三龄后吐丝将叶或嫩梢缀合，居于其中取食，致使叶片穿孔或缺刻，严重时仅留叶脉。幼虫常啃食瓜肉，蛀入瓜果内。

低龄幼虫为害状

瓜绢螟成虫

幼虫卷叶状

幼虫卷叶为害

瓜蝇螟蛹

幼虫啃食瓜肉

9. 小地老虎 *Agrotis ypsilon*

幼虫体长35～45毫米，灰黑色，体表具大小不等的颗粒。幼虫将蔬菜幼苗近地面的幼茎咬断，使幼苗整株死亡，造成田间缺株或断垄。在该虫发生严重的地块，田间大量缺株，有的甚至造成毁种。

为害幼苗

成虫

蛹

10. 蛴　螬

为金龟子幼虫。包括东北黑鳃金龟子（*Holotrichia diomphalia*）、白星花金龟子（*Potosia brevitarsis*）、铜绿金龟子（*Anomala corpulenta*）、朝鲜黑金龟子（*Holotrichi oblita*）等。主要取食瓜类及各种蔬菜的苗根，引起地上部生长不良以至萎蔫枯死，严重时多处出现缺苗或断垄现象。挖土检查，可见根系已被食尽，并可在附近发现乳白色幼虫。

蛴　螬

白星花金龟子

铜绿金龟子

11. 蝼　蛄

主要有非州蝼蛄（*Gryllotalpa orientalis*）和华北蝼蛄（*Gryllotalpa unispina*）两种。成虫或若虫均在土中活动，取食种子、幼芽或将幼苗咬断致死，造成缺苗或断垄。受害的根部呈乱麻状。蝼蛄常在夜间活动，将土表串成许多隆起的小隧道，使幼苗根土分离，失水枯死。

根部受害状

成 虫

12.二十八星瓢虫 *Henosepilachna vigintioctopunctata*

成虫体长6毫米，半球形，黄褐色，头部黑色，两鞘翅上有28个黑点，体表密生黄色细毛。幼虫体长约7毫米，初龄淡黄色，后变白色。成虫和幼虫啃食叶肉，残留的上表皮呈网状，严重时全叶食尽。瓜果表皮受害部位变硬，带有苦味。

成虫

卵

为害叶状

13. 小造桥虫 *Anomis flava*

幼虫食叶和嫩茎。1～2龄幼虫仅食叶肉，残留表皮；3～4龄幼虫食叶成缺刻；5～6龄幼虫也为害花、蕾、果。成虫体长10～12毫米，老熟幼虫体长35毫米。偶发性害虫，可与其他害虫兼治。

小造桥虫

小造桥虫为害状

14. 斜纹夜蛾 *Prodenia litura*

幼虫取食植株叶、花、及果实，并可钻入果实为害。幼虫排泄粪便，造成污染或感染病菌而腐烂。低龄幼虫体色变化大，有褐绿色、暗绿色、黑褐色等，老熟幼虫多为暗褐色，体长40～45毫米。

幼虫为害苦瓜

幼虫为害苦瓜

幼虫

叶受害状

15. 蜗　牛

主要有灰巴蜗牛（*Bradybaena ravida*）和同型巴蜗牛（*Bradybaena similaris*）两种。软体动物，食性杂，取食叶、茎、幼苗，严重时造成缺苗断垄。常用药剂有聚乙醛、灭蜗灵等，也可诱集捕杀或撒石灰带隔离。

灰巴蜗牛

16. 福寿螺 *Ampullarium crosseana*

体长较田螺大20倍，卵产于水面以上的干燥物体或植物上，圆形，粉红色或鲜红色，其上具蜡粉状覆盖物，色泽鲜艳。卵孵化后稍长大即开始取食沟边的幼嫩植株及沟里的植物。常用药剂有聚乙醛、密达杀螺剂、灭蜗灵等。

卵

福寿螺

福寿螺

苦瓜瓠瓜主要虫害的防治

生长期	防治对象	措施	药剂防治
育苗期	蚜虫、温室白粉虱	喷药、黄板诱杀	2.5%功夫乳油3000倍液，或20%灭扫利乳油2000倍液喷雾
	美洲斑潜蝇	喷药	20%康福多乳油2000倍液，或40%绿莱宝乳油1500倍液，或20%氰戊菊酯3000倍液喷雾
	地下害虫	洒毒土、拌种	50%辛硫磷：水：种子＝1：50：600拌种；80%敌百虫100～150克对水，拌15～20千克毒土洒播种沟（穴）内
定植至伸蔓期	地下害虫	灌根	80%敌百虫，或50%辛硫磷800倍液灌根
	蚜虫、温室白粉虱	喷药、熏烟、黄板诱杀	10%的扑虱灵1000倍液，或10%吡虫啉2500～3000倍液喷雾
	美洲斑潜蝇	喷药	1.8%爱福丁乳油2000倍液，或5%锐劲特悬浮剂2000倍液喷雾

生长期	防治对象	措施	药剂防治
结果期	食叶食果性害虫	喷药、性诱剂诱杀、设防虫网	5% 锐劲特胶悬剂 2000～2500 倍液，或 2.5% 溴氰菊酯 3000 倍液，或 21% 灭杀毙乳油 6000 倍液，或米螨 1000 倍液喷雾
	美洲斑潜蝇	喷　药	菜蝇杀乳油1500～2000倍液，或48%乐斯本乳油800～1000 倍液，或 5% 卡死克乳油 2000 倍液，或潜虫灭 1500 倍液喷雾
	蚜虫、温室白粉虱	喷药、黄板诱杀	蚜敌畏 1500 倍液，或 2.5% 天王星 3000 倍液，或 1.8% 爱福丁乳油 2000 倍液喷雾
结果后期	瓜实蝇	喷药、性诱剂诱杀、设防虫网	50% 辛硫磷乳油 1500 倍液，或 50% 地蛆灵乳油 2000 倍液，或 50% 敌敌畏 1000 倍液喷雾
	蚜虫、温室白粉虱	喷药、黄板诱杀	10% 多来宝 2500 倍液，或 25% 扑虱净 1000 倍液，或 2.5% 功夫 2000 倍液喷雾

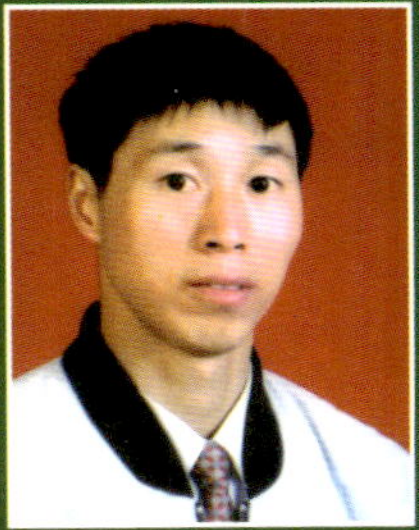

薛珠政　副研究员，1992年毕业于南京农业大学土壤与植物营养专业，现任福建省农科院蔬菜研究中心副主任。长期从事蔬菜育种、栽培生理及蔬菜食品安全技术研究，深入基层从事农技指导及调研活动。先后主持或参加国家、省、部级课题10多项，在各种专业刊物上发表论文30余篇，合作出版著作有《瓜类蔬菜病虫害诊治图谱》、《茄果类蔬菜病虫害诊治图谱》、《叶菜类蔬菜病虫害诊治图谱》《豆类蔬菜病虫害诊治图谱》、《南方蔬菜大棚栽培》5部。

地址：福州市晋安区埔党·福建省农科院作物研究所
邮编：350013
联系电话：0591—87572224
E—mail：704—1@163.com

责任编辑：高　原
封面设计：金　创

农作物病虫害田间诊断技术丛书

苦瓜瓠瓜病虫害及防治原色图册

ISBN 978-7-5082-4806-6
9 787508 248066 >

ISBN 978-7-5082-4806-6
S·1596　定价：12.00元

农作物病虫害田间诊断技术丛书

苦瓜瓠瓜病虫害及防治原色图册

薛珠政 编著

金盾出版社

图书在版编目(CIP)数据

苦瓜瓠瓜病虫害及防治原色图册/薛珠政编著.—北京:金盾出版社,2008.1
(农作物病虫害田间诊断技术丛书)
ISBN 978-7-5082-4806-6

Ⅰ.苦… Ⅱ.薛… Ⅲ.①苦瓜-病虫害防治方法-图集②瓜类蔬菜-病虫害防治方法-图集 Ⅳ.S436.42-64

中国版本图书馆 CIP 数据核字(2007)第 178021 号

金盾出版社出版、总发行
北京太平路 5 号(地铁万寿路站往南)
邮政编码:100036 电话:68214039 83219215
传真:68276683 网址:www.jdcbs.cn
封面印刷:北京精彩雅恒印刷有限公司
正文印刷:北京蓝迪彩色印务有限公司
装订:北京蓝迪彩色印务有限公司
各地新华书店经销

开本:889×1194 1/64 印张:1.25 字数:40 千字
2009 年 2 月第 1 版第 3 次印刷
印数:16001—26000 册 定价:12.00 元